U0216046

青少年科普丛书

RELATIVITY
相 对 论

〔英〕布鲁斯·巴塞特（Bruce Bassett） 著

〔英〕拉尔夫·埃德尼（Ralph Edney） 绘

羊弈伟 译

重庆大学出版社

RELATIVITY

目　录

时间与空间的条件

　　《纯粹理性批判》（1781 年）是德国哲学家伊曼努尔·康德（1724—1804）创作的一部划时代的著作，其中深刻剖析了人类知识的临界极限问题。他在该书中详细阐述了时间和空间不能独立于我们的意识而存在的观点。

然而，在爱因斯坦之前，物理学界的主流哲学思想还都是继承于艾萨克·牛顿（1643—1727）爵士的。

这是我们的大脑能够感知时间和空间的先决条件！

这意味着时间和空间也许并不像牛顿以为的那样是绝对的实体。如此看来，康德的看法和爱因斯坦的观点更为契合。

牛顿的经典物理学定律

牛顿无疑是最伟大的物理学家和数学家之一。他不但在光学领域功勋卓著，还提出了著名的牛顿三大运动定律，而且独立于莱布尼茨（1646—1716）发明了微积分。不过，牛顿的万有引力定律对帮助我们理解爱因斯坦的相对论是最重要的。

传说牛顿坐在一棵苹果树下时，一个苹果掉落下来砸到了他的头，从而启发了他提出万有引力定律。这个传说很有名，但并不真实。

　　牛顿万有引力定律之所以特别重要，是因为它通过单一理论就完成了对多种现象的解释和统一。而正是人类对科学大统一理论的追求，推动着 20 世纪和 21 世纪的物理学不断前行。

万有引力定律

　　牛顿的万有引力定律指出，两个质量分别为 m 和 M 的物体，它们之间的引力 F 可以表示为：

$$F = G\frac{Mm}{r^2}$$

　　其中 r 表示两个物体之间的距离，G 是万有引力常数。由于引力很弱，所以 G 的值非常小。此万有引力定律至少有两层含义……

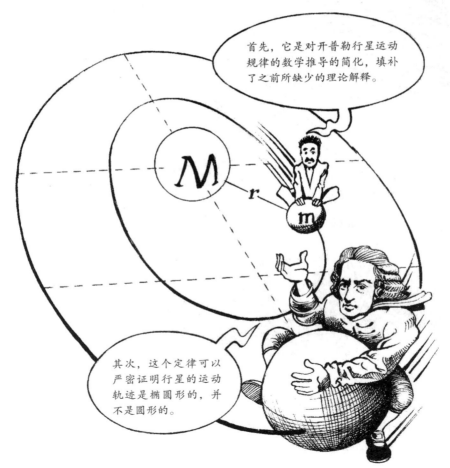

尼古拉斯·哥白尼（1473—1543）之后，科学家们逐渐承认地球并不是宇宙的中心。因此，在牛顿的理论中，牛顿理所当然地认为时间和空间是两个完全不同的东西，而且它们都是绝对存在的。这个理论被人们视为真理，铭刻在心。

直到爱因斯坦的出现，情况才有了改变。后面我们将会讨论爱因斯坦试图将时间和空间这两种似乎完全不同的概念统一起来的思想。

麦克斯韦的电磁理论

在爱因斯坦之前，理论物理学家们已经取得了重大进展。尤其是詹姆斯·克拉克·麦克斯韦（1831—1879），他将电学和磁学统一起来，提出了电磁场理论。

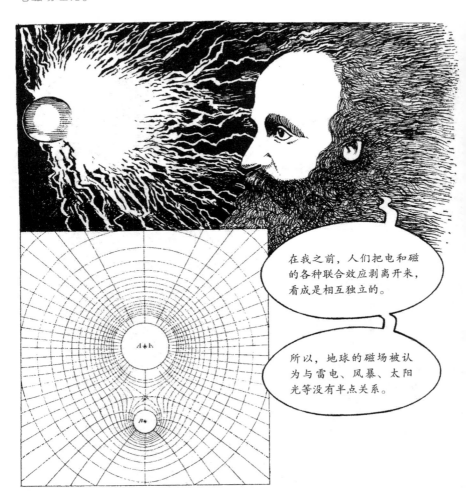

在我之前，人们把电和磁的各种联合效应剥离开来，看成是相互独立的。

所以，地球的磁场被认为与雷电、风暴、太阳光等没有半点关系。

麦克斯韦利用四个方程解释了各种不同的电磁效应：从基本的发光原理、电流原理到巨大的地球磁场的形成原因。麦克斯韦方程组将电场和磁场相互关联起来，并将不同条件下的各种现象的成因归结到一个统一理论上来。

简单磁场可独立于电场而存在，反之亦然。

但是，在通常情况下，如果电场强度随着时间发生变化，就会产生磁场……反过来，如果磁场随时间变化的话，就会产生电场。

光就是这样一个例子，其本质是振荡的电场和磁场在时空中以光速传播。

当年，牛顿意识到使苹果落地的力和维持地球环绕太阳公转的力是一样的，都归属一个统一理论。所以从这个概念上讲，麦克斯韦的这个统一理论和牛顿的统一理论在思想上是很相似的。

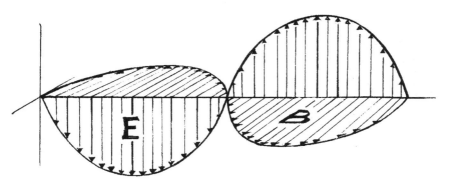

经典物理学困局

　　随着这个物理故事的继续深入，越来越多的问题出现了，其中一个就涉及万有引力。牛顿力学精确地计算出所有行星都应该按椭圆形轨道运行。

原子之惑

原子是扎在物理学家心头的另一根刺。20 世纪初，盛行的一幅图就是原子结构图，描绘了中心带正电的原子核，以及周围围绕着的带负电的、质量轻得多的电子。电子和原子核之间存在异性电荷相吸，要克服这种引力，电子就必须绕着原子核高速转动，否则电子就会和原子核相撞。

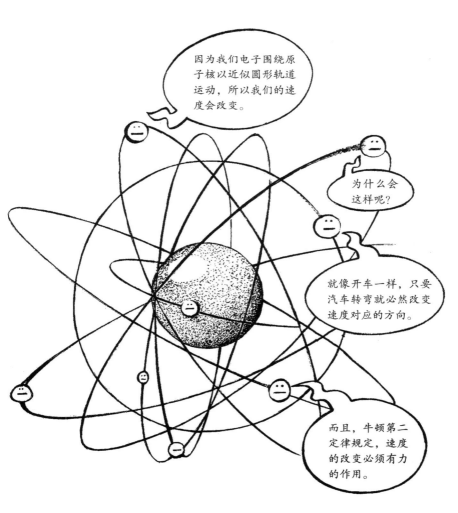

大谜团

至此，根据麦克斯韦电磁理论，加速的电荷会发光（或者产生一束不同频率的电磁辐射），其能量由加速度的大小来决定。但是，如果电子速度的改变导致它发光而失去能量，那它们就会按螺旋轨道向中心原子核靠近，在万亿分之一秒内就会撞上原子核。

尼尔斯·玻尔
（1885—1962）

而事实上，原子在数十亿年来却一直处于稳定态，这真是个大谜团。

马克斯·普朗克
（1858—1947）

要解开这个谜团，就必须引入量子力学来解释。

欧文·薛定谔
（1887—1961）

时代背景

至此，我们对 1905 年物理学的发展状况有了一个大概的印象。这一年，爱因斯坦（1879—1955）发表了他的"狭义相对论"，我们可以看到他的理论并非凭空想象出来的。

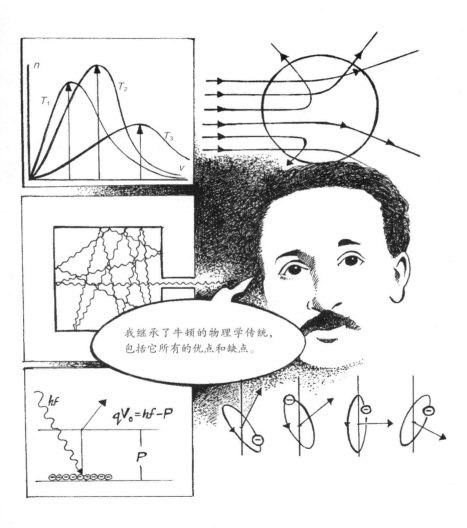

我继承了牛顿的物理学传统，包括它所有的优点和缺点。

因此，时势造英雄，爱因斯坦当时所处时代的特殊"思想氛围"助力了他的发现。

决定性事件

　　1901 年，维多利亚女王逝世，这标志着一个相对稳定时期的结束，同时，也标志着 20 世纪社会能量急速释放和革新加速出现的开始。由此，世界加速创新，催生了所有如今人们称为"近代"的东西。基于两个划时代的大事件，一个充满危险的新世界建立起来。大事件之一就是 1914—1918 年的第一次世界大战。

第二个划时代的大事件是 1917 年俄国的十月革命，它拉开了 20 世纪国际共产主义运动的序幕。在 20 世纪下半叶，社会主义阵营和反对它的以美国为首的资本主义阵营展开了主宰全球的"冷战"政治对抗。

对我个人而言，1945 年美国扔向广岛和长崎的原子弹以一种可怕的方式证明了 $E=mc^2$……

运动的时代

　　20 世纪初的活力与动荡可以从许多其他重要事件中折射出来。莱特兄弟威尔伯（1867—1912）和奥威尔（1871—1948）在 1903 年造出了他们的首架动力飞机。

　　亨利·福特（1863—1947）于 1912 年将流水线批量生产的福特 T 型轿车带到了千家万户。

1907 年，巴勃罗·毕加索（1881—1973）开创了立体主义艺术先河，随后被乔治·布拉克（1882—1963）发扬光大。1910 至 1913 年，英国哲学家伯特兰·罗素（1872—1970）和阿弗烈·诺夫·怀特海德（1861—1947）创作了令人敬畏的《数学原理》，该书尝试在严密的逻辑基础上重新思考数学。

我们将简要概述狭义相对论的实质，接着更多地聚焦在广义相对论的复杂性上。

洛伦兹变换

爱因斯坦是一个有名的具有 DIY 精神的思考者，总能将别人通常忽略的发现变废为宝。洛伦兹（1853—1928）的工作就是一个很好的例子。

这就推出：$t_{\text{EINSTEIN}} = \dfrac{t_{\text{LORENTZ}}}{\sqrt{1 - \dfrac{v^2}{c^2}}}$

狭义相对论的一个重大的成就是它告诉我们当物体运动速度接近光速（约30万千米每秒）时，我们对相对运动的通常直觉理解已经不适用了。在爱因斯坦理论中，光速是一个基本常数，不随观测者的速度而变化。

我曾断言，而且后来也被证实，当速度接近光速 c 时观测到的长度、时间和能量都会发生明显弯曲。

请一定注意，狭义相对论适用于任何没有引力和加速度的情况。

我是小美，他是大壮，作为观测者，我俩将帮忙来解释这些效应。

长度压缩效应

小美和大壮以一个确定速度 v 做相对运动，此时小美看到的大壮是什么样的呢？

小美看到的长度比大壮看到的短。

时间膨胀

　　类似地，对于两个相对运动的人，时间流逝的快慢也不同。但是，运动速度越快，时间就会变慢或者变快吗？

大壮钟上测到的时间，用我的钟为单位就表示成

$$t_{大壮} = \frac{t_{小美}}{\sqrt{1 - \frac{v^2}{c^2}}}$$

随着我运动速度的加快，越来越接近光速时，我的钟会逐步比小美的慢下来。

　　尽管如此，要想大壮比小美的时间流逝速度慢一半，他的运动速度必须达到约为光速的 86%，这对于地球上的生命来说是不可能的。不过，时间膨胀已经被人类观察到，这一点我们在后面会谈到。

观测缪子

宇宙射线从外太空以接近光速撞入地球大气层，这种碰撞会产生缪子（类似于超重电子的一种奇怪粒子）。这些缪子也会以近光速运动。

这是因为，当缪子高速运动时，时间会膨胀，我们观测到的缪子寿命增长了 20 倍，因此它们就有了足够的时间成群到达海平面了。

能量即质量，质量即能量

　　$E=mc^2$ 是爱因斯坦提出的著名的质能关系式。其中 m 是"静止质量"，即一个物体看起来静止时的质量。这个公式说明质量可以转化为巨大的能量。但是，当物体高速运动时它们的关系会如何呢？此时也拥有动能。实际上，爱因斯坦方程式的完整形式为：

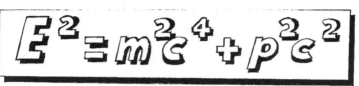

$p=0$

$p=mv$

E 是动量为 p 的粒子所具有的能量。

请记住，经典物理中动量 p=mv，其中 v 是物体的运动速度。

　　当粒子静止而没有动能时，我们就得到 $E^2=m^2c^4$，即熟知的 $E=mc^2$。能量即质量，质量即能量。

但是，假如有一种没有质量的粒子，比如光子，根据爱因斯坦的质能方程，它的能量 $E=pc$，这就是光的粒子性理论。然而，光也具有波动性，此时能量 $E=hf$，其中 h 为普朗克常数、f 为频率（$f=c/\lambda$，λ 为光的波长）。因此，$E=hc/\lambda$，就此可描述光子动量 $p=h/\lambda$。

波长越短，光子的动量越大。

相对于可见光和红外线，紫外线的波长更短，动量更大。这就是为什么紫外线会引起皮肤癌的原因。

但是普朗克常数 h 是什么？

普朗克常数以及量子效应

普朗克常数 h 是一个非常小的数，但是它却控制着量子效应的尺度。

$h=0.000\ 000\ 000\ 000\ 000\ 000\ 000\ 000\ 006\ 626$

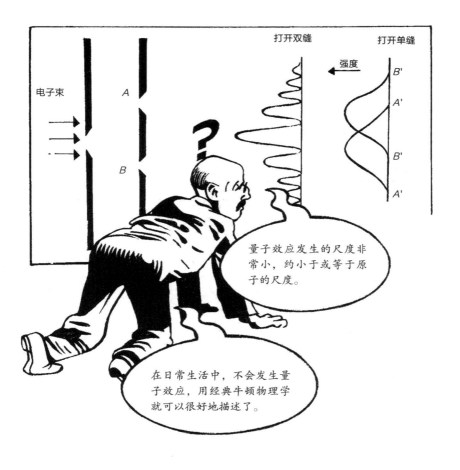

量子尺度的一个例子是粒子不仅表现出"粒子性"（微小的局部能量块），同时表现出波动性（类似水波）。光、电子以及其他所有的物质力都具有这种波粒二象性。

势垒穿透效应是另一个例子。

量子物理学和经典物理学

光速 c 和牛顿引力常数 G 在量子效应中是没有用的，所以它们被划归为经典物理量。如果光速慢得多，比如 10 米每秒，那么狭义相对论就会较早被发现。为什么呢？因为每个人都会直观地感受到时间膨胀和长度压缩。

相反，如果光速无限大，狭义相对论也就没有存在的必要了。

类似地，如果牛顿的 G 值剧烈增大，那么引力效应也会剧烈增强。

但如果 $G=0$，万有引力就消失了。恒星和行星也就不会形成，宇宙将是一副我们无法想象的模样。

狄拉克的反物质概念

我们回头看看方程 $E^2 = m^2 c^4$，是否存在某种情况下，公式只能表示成 E^2 而不是 E 呢？是的，保罗·狄拉克（1902—1984）注意到，当我们用公式开根号来解 E 时，在数学上会有两个解。这很容易理解，比如 $2 \times 2 = 4$，同时 $(-2) \times (-2) = 4$，开根号时如果取负号，就会得到一个负能量。基于此（配合大量严密的分析），狄拉克提出了带负能量的反物质的概念。

保罗·狄拉克

我这个激进的反物质概念是纯靠数学推理得出的。直到 1932 年正电子被发现，才从实验上证实了它。

迈克尔逊－莫雷实验

1881 年，阿尔伯特·迈克尔逊（1852—1931）设计了一个实验用于检验地球自转是否会影响光速。1887 年，迈克尔逊和莫雷（1838—1923）一起做了一个高精度的实验，并证实了无论其传播方向与地球自转的方向是相同还是相反，光的速度都不变。

光速恒定

狭义相对论中一个重要原则是光的恒速假定，即真空中的光速 c 与观测者无关。爱因斯坦的这个恒速假定，代替了牛顿的绝对时空观。

同时性问题

 意如其名，相对论就意味着不能将我们所处的四维世界唯一且绝对地划分成时间和空间。

 这是何意？即如果时间是唯一被定义的，那么我们就能以大家公认的某种方式来规定一个同时的概念。为什么又在同时这个概念上存在分歧呢？

时空的不同划分

　　想象一下，大壮从 1 点向 2 点直线运动。进一步地，在大壮和小美擦肩而过的刹那间灯泡熄灭了（从小美的角度而言）。此时，因为大壮正在朝 2 点前进，同时在任何参考系中光速相同，所以当光到达大壮时他离 2 点更近，从而他会先看到灯 2 熄灭后，看到灯 1 熄灭。

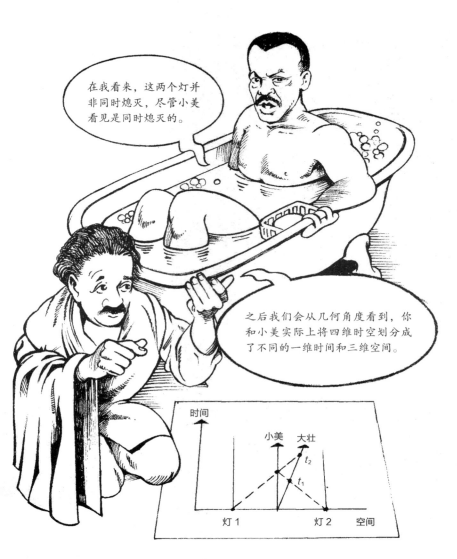

在我看来，这两个灯并非同时熄灭，尽管小美看见是同时熄灭的。

之后我们会从几何角度看到，你和小美实际上将四维时空划分成了不同的一维时间和三维空间。

广义相对论的必要性

　　现在，我们可以讨论狭义相对论中的一个著名悖论，进而引出广义相对论。假设有一对双胞胎姐妹，姐姐乘坐火箭探索太空，而妹妹则留守地球。姐姐乘坐的火箭以接近光速朝着 10 光年以外的某星球运动。

　　光年是一个距离单位，表示以光速走一年的距离，这是很远的！

　　假设速度 $v=0.995c$，此时，根据时间膨胀公式，地球上的时间比火箭上的时间快了约 10 倍。

　　对火箭上的姐姐来说，从地球到某星球的往返仅用了两年时间，但是在地球上的妹妹看来，这可花了超过 20 年的时间。

另一个观点

　　什么是悖论呢？地球上的妹妹完全可以认为火箭是静止的，只是地球（和太阳系一起）以光速在反向倒退。此时，就应该是地球上的妹妹的手表走得更慢了，而火箭上的姐姐看到的时间和平时的没有变化。其实，这正是相对论的精髓。

跳出僵局

双胞胎悖论使我们陷入了僵局。这个问题似乎有某种对称性。这在物理上没有区别，即使我们将姐姐和妹妹的观点互换也一样，但是姐妹俩感受到的时间结果却是完全不同的。

我们稍微想一下就会发现这个问题。两姐妹的状况和观点真的是可互换的吗？

如果只有火箭上的姐姐以恒定的速度 $v=0.995c$ 飞行，那么她们才是可互换的。

但是之前，我俩都站在地球上。

很明显，我姐姐必须加速到 $0.995c$，而我不用。

解决加速度的问题

　　这就打破了姐妹之间的对称性，意味着不能将二者的观点互换。我们已经证明过，狭义相对论不适用于存在加速度的状况。

　　这个问题促使爱因斯坦提出了广义相对论，并于 1916 年成稿。毋庸置疑，它是人类最伟大的单独智慧贡献之一。

广义相对论的组件

如果要讨论广义相对论，就必须引入一些基本的概念性组件。爱因斯坦花了十年时间（1905—1915）才将这些组件拼接起来为己所用，所以我们理解得慢一点也是情有可原的。

在开始讨论相对论之前，我们需要学习约翰·冯·诺伊曼（1903—1957）的一种实用的哲学思维。

当遇到奇怪的相对论概念时，接受以上哲学观点就显得尤为重要。比如，时空是四维的，其中的三维是空间，一维是时间。然而，没有办法将这个四维时空真正展现出来，因为我们被束缚在了 3 个空间维度内。好在我们可以想办法来补救，帮助我们去感知它。

无限维度

首先，当一个数学家说四维、五维甚至无限维空间时，他想说什么？要回答这个问题，我们先看看地球表面。地球表面本身是二维的，所以只需要两个数就可以唯一地确定出你所在的位置：经度和纬度。

波恩哈德·黎曼

因为我们需要三个数字去唯一确定地球内部的任意点的位置，所以地球作为一个立体的实体，它是三维的。

这个基本观点很容易归纳。如果需要 5 个数字才能唯一确定你在空间中的位置，那么这个空间就是五维的。如果需要 25 个数才能唯一确定 1 个点，那么对应的空间就是二十五维的。

此时，关键的是这些空间并不需要和我们日常生活的空间关联起来，实际上两者毫无关系。

思想实验

作为补充，我们回想一下古希腊哲学家柏拉图（约公元前428—前347年）。他认为，人内心中存在一个完美实体，我们感知到的万物都是它的不同投影。

> 一个完美的圆只存在于你的心里，现实世界中人们只能尝试画出各种不完美的圆。

> 但是，如果你接受这个观点，为何你会相信我们脑海中所有概念在现实世界中都存在一个副本？

就像本书前面所述，人们可以明确地构想出一个二十五维空间，但是这个空间并不需要在现实世界中有任何副本。

要拓展这个观点，不妨开展以下思想实验。假设你想基于 20 世纪每时每刻威尼斯的里亚托桥下的水位高度来构建一个空间。

这是一个抽象空间，其中只有数学表达而没有物理实体，不过它可是将我们从现实世界的束缚中解放出来的关键一步。

无限和位形空间

　　我们继续讨论，直接跳入到无限论的一些精彩的复杂性中去。后面会谈到，宇宙学观测结果可能更倾向于我们生活在一个无限宇宙中，在那种情况下，宇宙中的物质数量将是无限的；原子数量也是无限的。

时空切片

　　然后，在这个例子中原子数量是无限的，所以完整的空间是无限维度的（4×无限大＝无限大）。我们需要无限多个数字才能将所有的原子信息唯一地记录下来。这个空间于我们而言毫无价值，却是力学中著名的位形空间，因为它描述了系统的位形。

　　请注意，这里讨论的空间都是抽象的，你不能奢求将其在日常生活中形象化。

我们可以将四维时空分割成无数三维薄片，以达到形象化的目的。

如何看待时空

　　不要非把事物形象化到现实世界中来，这种抽象方式有一个很大的优点，那就是我们不会递推思考这些空间是否隶属更大的空间。

　　以现在标准的观点来看，这是一个正常的问题。但是我们的新观点认为，不同空间是完全相互独立存在的，此时这个问题就很奇怪了。因此，宇宙学家通常只把宇宙膨胀看成时空本身的一个特性，即时空中任意两点的距离都在持续增大。

同时只是相对的

　　与牛顿的引力观不同，相对论的一个重要内容是认为空间和时间被统一成了一个四维空间，这个四维空间可以用不同的方式分割成"空间"和"时间"，就像一块被切了的面包。但对于时空而言，没有哪种切法是独特或者更优秀的。我们之前提到过，不存在真正的同时，而时空切片就是帮助我们理解这个理论的一种几何途径。

现在我们已经做好准备，继续跟着爱因斯坦的脚步朝着广义相对论前行。

爱因斯坦的任务

　　从 1904 年到 1905 年初，一年之间爱因斯坦贡献了 20 世纪最重要的六篇论文。其中两篇奠定了狭义相对论的基础。但此时他面临一个问题，如何将狭义相对论在两个方向上进行扩展……

　　乍一看，这两个任务十分艰巨。但是爱因斯坦何其智慧，他认识到它们本质是同一问题的两个方面。后来爱因斯坦将这个推理过程称为"我此生最开心的思考"。让我们跟着他来重复一下这个过程。

引力暂停

如果你不慎从窗户摔下楼，在落地之前除了气流你还会感觉到什么？你向着地面加速，但是却感觉到失重。宇航员就是这么训练的，他们坐的飞机会做垂直自由下落运动，整个过程会持续好几分钟。

> 如果我下落时扔掉手里的铁锤，它会和我以相同速率掉落。

> 对我而言，这个铁锤并未移动，它看起来是静止的。

这促使爱因斯坦想到，在你和铁锤一起掉落的时候，这个短时间和小距离内，观测者会发现引力神奇地消失了。

等效原理

　　沿着这条思路继续思考。假如现在你被蒙住了双眼，待在一间没有窗户的小黑屋里，小屋在太空中自由飘荡不受任何外力。你此时是完全失重状态。突然，你撞到"地板"并被牢牢地吸在地上。

小屋连接的火箭
以致小屋突然
反向加速?

　　和爱因斯坦一样，也许直觉使你怀疑根本没法分辨出其差别。这两个猜想很明显是非常初级的，但它们却是现在理论物理王冠上的明珠——等效原理的著名两面。通过这个简单的思想实验，爱因斯坦直截了当地找到了关键问题，成功地将加速度和引力拓展到了狭义相对论中。

引力质量和惯性质量

　　拓展狭义相对论面临两大挑战：观测者加速和引力作用。如果你稍微想一下就会发现，等效原理意味着两个挑战都崩塌在同一个问题上：观测者无法分辨自己是否正在（引力或其他力作用下）加速。

　　时至今日，科学家已经开展了大量超高精度实验，发现这个结论并不适用于某些神奇的物质。这些物质在"爱因斯坦小屋"中时，可以帮助人们分辨是行星靠近了还是火箭点火加速了。

拓展牛顿第一定律

前面已经看到，当你在引力场中自由下落时会感到失重，就像自己没有受力一样。这使爱因斯坦产生了一个激进的想法：引力和其他力不同！但我们从小就学习过牛顿第一定律。这个基于伽利略（1564—1642）的工作发展起来的定律告诉我们……

这个改进方案竟然如此优美，以致被列为人类物理史上最绮丽的理论改进之一。

地球不是平的，宇宙也不是。

爱因斯坦用如下方式对牛顿第一定律进行了改进：

问题在于，自欧几里得在公元前 300 年左右创造了平面几何后，我们就继承并习惯于平面思考方式。其实我们都知道地球不是平的。那么为何我们会局限于这种思维，认为时空应该是平的呢？好吧，当年牛顿就这么认为，他是个天才。所以，这个假设在当时显得非常可信。

实际上，如果空间是弯曲的，那么空间内任意两点间的最短距离对应的完全位于此空间中的路线就不是一条直线。举一个简单的例子：地球。

更方便理解的例子是赤道和经度线。实际上，地球表面根本不存在直线。

脑筋急转弯

关于上述观点，有一个老掉牙的脑筋急转弯：如下图所示，蚂蚁要从火柴盒的一个角走到底面对角线上的另一个角，如何走路程最短？

通常，标准的路线是先爬下去，然后再穿过底面对角线。

我们可以引入一个小技巧，就是将火柴盒拆开并展平。

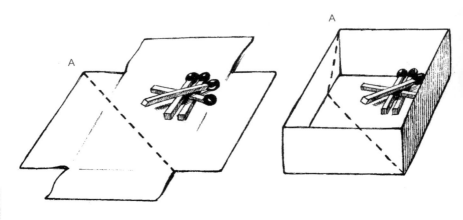

此时，火柴盒变成了一个平面空间，直线也就成了最短距离，当然对于蚂蚁而言，这条路和直觉有些相悖。

测地线

在相对论学界，最短距离路线被称为测地线。因此，要知道物体在引力作用下的运动情况，只需要计算出对应的测地线……

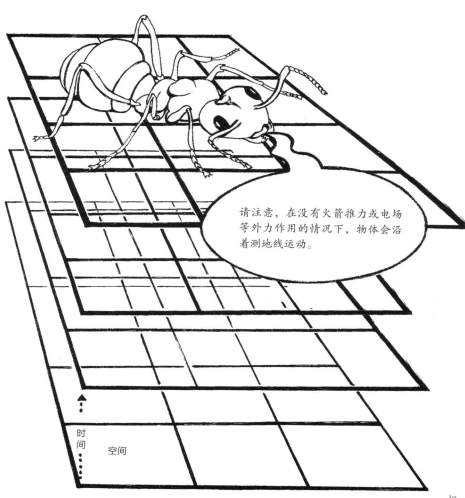

请注意，在没有火箭推力或电场等外力作用的情况下，物体会沿着测地线运动。

时间

空间

类空，类光，类时

但是我们又只解决了问题的一方面。在牛顿第一定律的这个改进中，时间去哪儿了呢？任何时间都可以标出墨西哥城和牛津之间的地表最短距离（不考虑大陆漂移）。但我们对牛顿第一定律的这次改进是研究物体在测地线上随时间移动，很明显解释得不够清晰！

那么，我们梳理一下，因为存在空间和时间维度，就需要引入三种不同类型的测地线。

时间去哪儿了呢？

如果你沿着一条测地线移动，那么大致可以将你运动的快慢定义为速度。

根据狭义相对论，可以猜到光速 c 应该可以大显身手了。

毕竟我们的任务是将引力囊括进狭义相对论中。

闪光的历程

用圆环表示球面

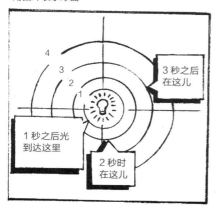

4
3
2
1

3 秒之后在这儿

1 秒之后光到达这里

2 秒时在这儿

时间

4

3

2

1

用二维作图描述三维空间。

将时间维度加入到时空中，闪光事件就变成了一个光锥。

实际上，当运动速度小于 c、等于 c 和大于 c 时，对应的三类测地线分别被称为类时、类光和类空测地线。

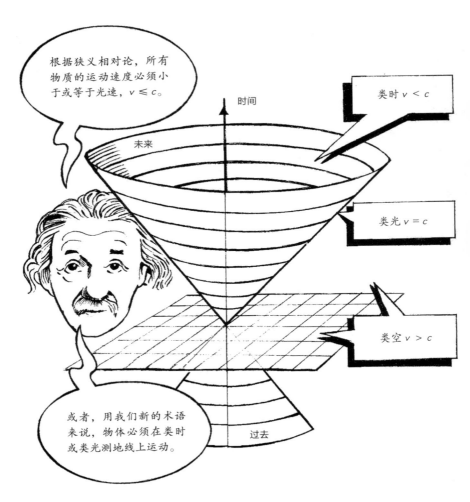

墨西哥城到牛津的"圆弧"是一条特殊的类空测地线——在这条路线行进时速度必须无限大，因为你必须同时到达线上的所有位置！至此，爱因斯坦对牛顿第一定律的最终改进形式为：

当不受引力以外的其他力作用时，所有物体都沿着类时或类光测地线运动。

显然，这里包含了狭义相对论的基础，即没有物质能跑得比光快。

测量距离

通常来说，测地线是很难计算出来的。假设你要勘测一处地形，包括山丘和溪流、高山与平原。你如何才能在如此崎岖的山势间计算出最短路线呢？

接着，再假设你要在四维空间中完成这项任务！

要找到测地线，我们需要引入距离测量的概念。让我们从上面提到的地形勘测开始吧。

寻找测地线的一个途径是使用该区域的地图。

然后，我们就可以用类似乌鸦飞行的方式笔直地测出地图上两点间的距离了。

这是通过勾股定理（西方称为毕达哥拉斯定理）可以算出的距离。

$$(ds)^2 = (dx)^2 + (dy)^2 = 3^2 + 4^2 = 25$$

其中 dx 和 dy 表示地图上两点在 x 轴和 y 轴上的投影点的距离。

测地线和度规

不过请记住，测地线必须完全贴合于空间内部，不能穿出空间。所以，乌鸦可能会直接飞越某个深谷。野外穿越者可能会选择绕过深谷的近路，而不是下到谷底又攀爬上来。

要找到测地线，我们需要更多信息，而非简单地看平面图上的距离。

……我们需要的是该空间内部的距离，即这个例子中的地表距离。

可以通过一个数学量将平面图上的距离转换成真实曲面空间（比如此处的地形空间）中的实际距离，这个量称为空间的度规。每个空间都有唯一的度规，通常用"g"来表示。

度规的概念其实很常见，是将通用距离（平面空间中的距离）转换成弯曲空间中距离的一种途径。它就像出租车的计费表，将行驶的距离和时间转换成乘客的车费。

　　类似地，如果你在伦敦坐出租车，肯定比你在印度坐三轮车的费用要多得多，即使行驶的时间和距离都完全一样。可见"出租车度规"还取决于你的空间位置。

找到度规

　　同样的情形我们可以用于地形勘测中。平整的草原和崎岖的山地，它们的距离完全不同。实际上，地形越崎岖不平，实际距离与平面图距离差异就越大。相反，地形越平坦，实际距离与通用毕达哥拉斯距离就越接近，而测地线也更接近于直线。

因此我们推论，类平面几何图形中的测地线是类直线的。

由此看来，测地线是判定空间是否弯曲的好工具，尽管这种方法不太精确。

度 规

　　然而，度规 g 是什么呢？好吧，如果我们重新审视柱面和球面这两种标准模型，也许会得到一些启示。柱面在一个方向上弯曲，同时在长边方向上不弯曲；而球面在"南北"和"东西"方向上都弯曲。很明显，如果度规能揭示空间弯曲的所有信息，在空间各处它都不能只有一个数，否则它就没法告诉我们圆柱和圆球有何区别。

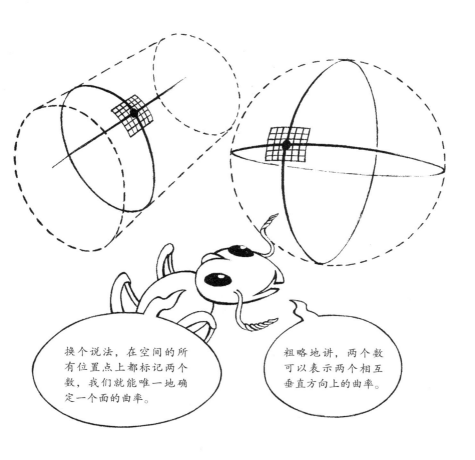

换个说法，在空间的所有位置点上都标记两个数，我们就能唯一地确定一个面的曲率。

粗略地讲，两个数可以表示两个相互垂直方向上的曲率。

这两个数都是度规的一部分，就像自行车的两个轮子。

四维空间的度规

　　我们在这里首先定义一套坐标系统（实际上是任意的），接着指定两个数 g_{xx} 和 g_{yy} 来表示度规，它们分别对应着在 x 和 y 方向上的曲率。现在，在四维空间内，事情变得更加复杂了，因为四维空间可以在四个不同方向上进行弯曲。

所以，我们需要更多的数来唯一确定某个点的曲率。

实际上，我们需要10个数！所以如果我们再把度规比喻成一辆自行车，这时候它就有10个轮子！

因此，如果我们在地图上沿着 x 方向和 y 方向略微移动 dx 和 dy，就可以通过度规来计算出本次移动在曲面上对应的距离。

$$(ds)^2 = g_{xx}(dx)^2 + g_{yy}(dy)^2$$

所以当我们知道空间（或时空）的度规时，就能通过一些先进技术来找到测地线。或者，我们至少可以写出测地线方程组。但是这些方程组通常形如天书，很难精确地解出来，只能用计算机进行近似求解。

时空测地线

时至今日，当我们谈及弯曲空间的测地线时，还是使用日常的近似法。这个办法一直很好用，但是这里我们必须摒弃它，然后一头扎进时空测地线这个奇异的世界中。有证据表明，即使在相对论条件下，时间和空间也并非完全等价。

在讨论测地线时，时间会引入一些奇异的元素，因为即使在平坦的时空内时间也会扰乱简洁的毕达哥拉斯定理。

在空间中，毕达哥拉斯定理表示为：$(ds)^2 = (dx)^2 + (dy)^2 + (dz)^2$（在三维空间内），如果我们想知道时空中两个事件（$t$，$x$，$y$，$z$）和（$t'$，$x'$，$y'$，$z'$）的距离，会发生什么呢？

乔治·弗雷德里希·黎曼（1826—1866）和牛顿、卡尔·弗里德里希·高斯（1777—1855）齐名，可称为最伟大的数学家之一。在费马大定理被证明之后，数学界最大的未解难题就是黎曼猜想——一个关于素数性质的猜想。美国克雷基金会悬赏一百万美元来给能证明黎曼猜想是正确的人。如果你证明它是错误的，抱歉，一分钱也没有。

囊括时间

　　爱因斯坦在构建广义相对论的过程中，使用了黎曼发明的大量的几何技巧。在黎曼几何中，两点之间的距离不限于正数，也可以是 0 或者负数！

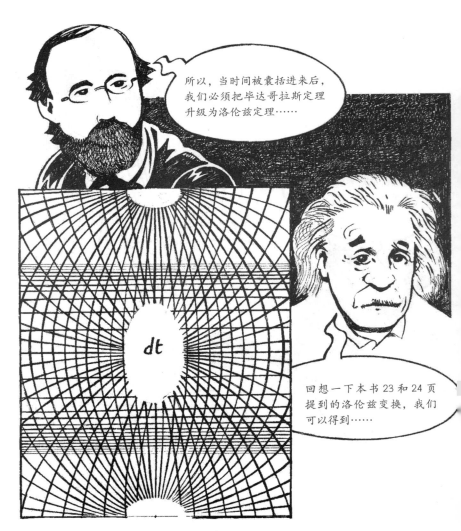

所以，当时间被囊括进来后，我们必须把毕达哥拉斯定理升级为洛伦兹定理……

回想一下本书 23 和 24 页提到的洛伦兹变换，我们可以得到……

$$(ds)^2 = -c^2 (dt)^2 + (dx)^2 + (dy)^2 + (dz)^2$$

其中 $dt = t' - t$，表示两个事件的时间差。

前面我们将测地线分为类时、类光和类空，这种分类在此体现为（ds）^{2}的值分别为负数、零和正数。

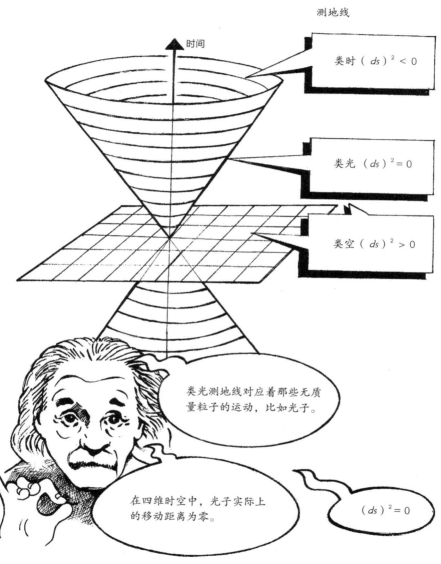

当然，在（三维）空间里，光子可以跑很远的距离。

恶龙之尾

我们由此发现，在对牛顿第一定律进行爱因斯坦式改进的同时，我们对牛顿万有引力也隐约进行了诸多漂亮而激进的拓展。这只需要我们更换几个词。广义相对论中蕴含着巨大的能量和经济性，因此著名物理学家列夫·朗道（1908—1968）坚称成为理论物理学家的先决条件是必须敬畏和感激广义相对论。

唉，粗略而论，我对牛顿第一定律在测地线方面进行的改进还只解开了一半的谜团。

这就是恶龙之尾，看不见却很危险。

列夫·朗道

我们的最终目标是用完备的相对论代替牛顿万有引力理论。但稍微一想，你就会意识到还缺失一个巨大而基础性的要素。

缺失的要素

这个缺失的要素包含在以下问题中："时空怎么会知道如何弯曲才能得出正确的测地线，使得月球绕着地球以椭圆轨道运行？"

因为地球引力导致了月球绕地旋转，所以我们知道质量必然会导致时空弯曲。

自食其尾的恶龙

因此，简单来说，物质决定几何如何弯曲，而反过来几何又决定物质如何运动。

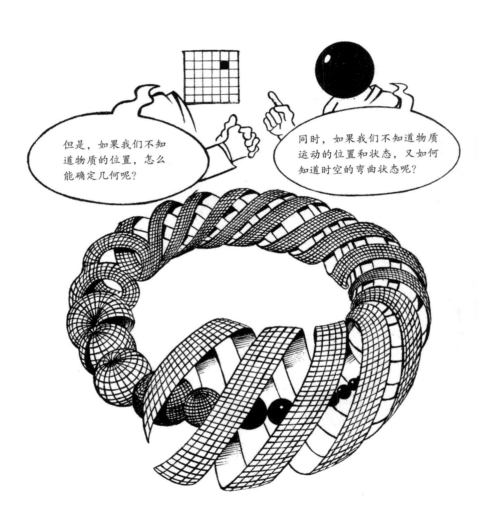

广义相对论蕴含诸多复杂性，而这种蛋与鸡的悖论是其中一个固有的复杂源。我们可以将其比喻成一条吞食自己尾巴的恶龙。

张 量

0 阶张量，就是简单的数：比如，数字"2"。

1 阶张量，是四个数字构成的数串（在四个时空维度上）。

所以，举例来说，A=（1 0 −1 3.14）就是一个 1 阶张量，简言之就是一个"矢量"。但 A 也是时空中的一列数。

通常我们将矢量元素写成 A_i。

这里 i 可以是 1，2，3 或 4，所以 A_1=1，A_2=0，以此类推。电场和磁场通常就是用这种方式描述的。

2 阶张量是一个矩阵，或者说是 4 × 4＝16 个数字组成的数字块，其中每个元素可以表示成 B_{ij}。i 和 j 两个下标显示这是一个数字块。

$$B_{ij} = \begin{pmatrix} 2 & 1 & 2.34 & 17 \\ -29 & 2 & 0 & 42 \\ 34 & -1.4 & 23 & 1000 \\ -1 & -1 & -1 & 0 \end{pmatrix}$$

其中 B 的下标 i 表示行数，j 表示列数。所以 $B_{11}=2$，$B_{12}=1$，$B_{31}=34$，以此类推。

请注意，数字块中的实际数字并不重要。

它们可以是任何数。

3 阶张量是一个三维数字块，需要我们用三个下标来表示。比如，表示成 C_{ijk}，其中 i，j，k 都可以是 1，2，3 或 4。

$C_{ijk} =$

形象化这个数字块非常麻烦，因为它是三维的。

3 阶张量总共包含 4×4×4=64 个数，而图上只能看到其中一部分。

张量非常适合描述空间曲率，现在有了它，我们就可以写出爱因斯坦的场方程了。但在此之前，我得补充一点：

如果我们说 $C_{ij}=B_{ij}$，那么意思是任何 i 和 j 都满足等式，即 $C_{11}=B_{11}$，$C_{12}=B_{12}$，$C_{22}=B_{22}$，以此类推。

现在，我们可以写出爱因斯坦的广义相对论方程了：

$$G_{ij}=8\pi GT_{ij}+\Lambda g_{ij}$$

或者展开成如下形式：

$$
\begin{pmatrix} G_{11} & G_{12} & G_{13} & G_{14} \\ G_{21} & G_{22} & G_{23} & G_{24} \\ G_{31} & G_{32} & G_{33} & G_{34} \\ G_{41} & G_{42} & G_{43} & G_{44} \end{pmatrix} = 8\pi G \begin{pmatrix} T_{11} & T_{12} & T_{13} & T_{14} \\ T_{21} & T_{22} & T_{23} & T_{24} \\ T_{31} & T_{32} & T_{33} & T_{34} \\ T_{41} & T_{42} & T_{43} & T_{44} \end{pmatrix}
$$

$$
+ \Lambda \begin{pmatrix} g_{11} & g_{12} & g_{13} & g_{14} \\ g_{21} & g_{22} & g_{23} & g_{24} \\ g_{31} & g_{32} & g_{33} & g_{34} \\ g_{41} & g_{42} & g_{43} & g_{44} \end{pmatrix}
$$

其中 G 为牛顿万有引力常数，π 是圆周率（取 3.14），Λ 是著名的"宇宙常数"，后面还会用到。我们可以看到爱因斯坦的这个方程组实际上是 16 个方程，它们的形式为：

$$G_{11} = 8\pi G T_{11} + \Lambda g_{11}$$

依次类推……

因此，引入张量就可以极大简化这个方程组。

尤其是，如果某点（x，y，z，t）上没有物质，全是真空，那么T_{ij}（x，y，z，t）=0。

根据爱因斯坦方程组，（x，y，z，t）点上的$G_{ij}=\Lambda g_{ij}$。

但重要的是，即使$\Lambda=0$，这也并不意味着点（x，y，z，t）处的空间是平的。

这一点非常重要，因为基于我们的日常经验，地球绕太阳公转，而太阳和地球之间的太空几乎是完全真空的。

$T_{ij}(x, y, z, t)$ 通常不为零，所以我们得同时解出这 16 个方程——这可不是一个简单任务，时至今日解起来都纷繁复杂。

更进一步，我们必须探究一下空间可能拥有的不同曲率类型——固有曲率和外在曲率。

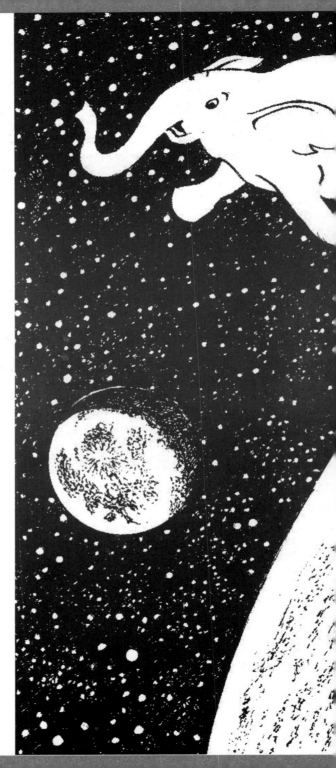

因此，即使太阳和地球之间没有物质，但此处的时空还是弯曲的。

曲率类型

现在我们已经得到了爱因斯坦方程组，那我们更深入地研究一下可能会遇到的曲率会有哪些不同的类型，这个研究会在后面发挥巨大作用。首先，让我们想象一个二维面，比如地球的表面或者一张纸。

欧几里得构建了几何学的基础。

最后，欧几里得不得不将其视为假定——一个公理。这是因为它并非普遍成立。

实际上，只有当两条线所处的空间是平的，这个结论才普遍成立。因此，欧几里得几何学研究的是平面几何。

正曲率

平行线也能相交，这种事只发生在弯曲空间里。欧几里得几何中的两条平行线都是直线，所以在我们将牛顿第一定律改进成爱因斯坦定律后，对平行线作一般定义时显然应该用"测地线"来代替"直线"。

接着，我们说如果两条测地线在某点平行，那它们就是平行线。

即它们与第三条测地线交叉时，构成的角度相同。

欧几里得   非欧几里得

EUCLID   NON-EUCLID

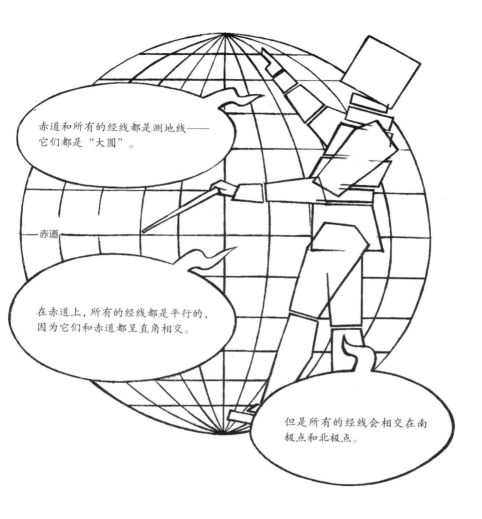

所以平行线是可以相交的。在这种情况下，这个空间可被称为具有正曲率。

负曲率

也可以构建一个空间，其中的平行测地线永不相交，但它们之间的距离随着测地线的延伸而发生变化。

这个空间被称为负曲率空间。

在马鞍面上的某些平行测地线就会发散开去。

最终，我们可以得出结论：只有在欧几里得平面空间内的平行线才会既保持等距离又从不相交。

三角形是另一个有趣的例子，可以用来描绘三种不同的曲率类型（平曲率、正曲率、负曲率）。在平面空间内，三角形由三条直线边构成。但是在正曲率或负曲率空间内，直线通常是不存在的！

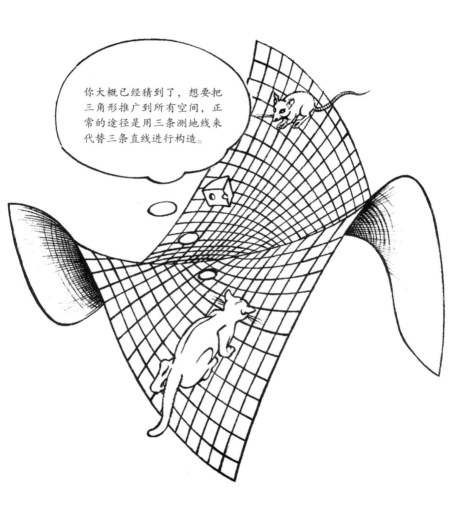

你大概已经猜到了，想要把三角形推广到所有空间，正常的途径是用三条测地线来代替三条直线进行构造。

在平面空间中，这种定义自动简化为常用的三角形定义，因为平面空间内的测地线就是直线。

弯曲空间内的三角形

对推广后的三角形性质，现在我们应该有些疑问。例如，那些教科书中经典的理论还适用吗？就像"三角形内角之和等于180°"。

正弯曲

　　这是正弯曲空间的一般特性——三条测地线构成的三角形的内角和大于180°。

负弯曲

反过来，在负弯曲空间内……

零

$x+y+z = 180°$

……三角形的内角和小于180°。

正

$x+y+z > 180°$

负

$x+y+z < 180°$

固有曲率

现在必须处理一些有趣的小问题，以帮助我们在三个空间维度和一个时间维度下构建广义相对论。为了说明这些问题的重要性，必须引入曲率的两个新的方面。根据平行的测地线是相交还是分离，或者测地线组成的三角形内角和的大小，我们已经对空间的曲率进行了分类。

现在，我把这张纸卷成一个圆柱，用胶水粘住接缝处。

……我之前画的线就不再是直的了，却仍然平行，并且它们不会相交！

但是圆柱明显不是平的！这如何解释呢？

　　嗯，因为平行测地线间距保持不变，我们就知道圆柱像纸一样在本质上是平的，都具有固有平坦性。然而，直觉告诉我们，圆柱确实在某种程度上弯曲了。同时，直觉也告诉我们，纸确实是平的。

这两种情况主要的差别在哪儿呢？

因此，很明显，差异源于圆柱面看起来像一个洞（整体），或者又源于这个二维空间被放在了三维空间内。

这意味着我们需要另一类曲率，它被称为外部曲率。但是我们该如何来量化外部曲率呢？

略加思索，可能就会有正确的方法了。

法向量

让我们再次拿出那张平纸，然后画一条垂直于纸面的线，与纸面相交于点 (x, y)。

接着，我们在圆柱上重复以上动作。这时事情就变得更有意思了。法向量所在的直线都会经过圆柱的轴心线。

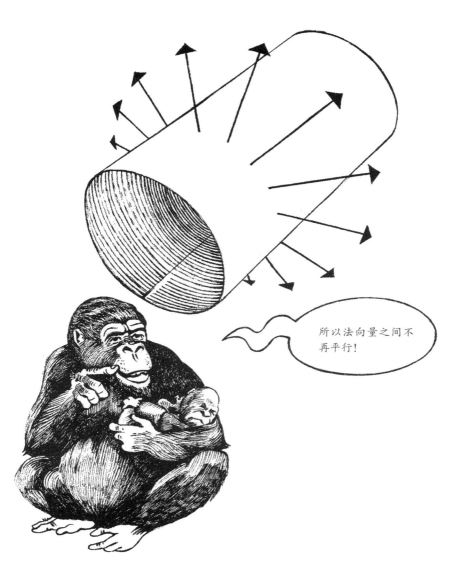

所以法向量之间不再平行！

　　这正是我们苦苦找寻的关键所在——具有外部曲率的空间里，法向量并非都是平行的。

空间切片

固有曲率和外部曲率的概念对时空物理具有重大作用，因为时空包含三个空间维度和一个时间维度。

为便于理解，时空通常被切分为诸多三维空间切片，而这些空间切片叠在一起就形成了我们的四维时空。

我们可以获取三维空间切片的固有曲率和外在曲率。实际上，要理解四维时空的曲率，以上两者都是必须了解的。根据这些三维空间切片的固有曲率和外在曲率，我们就能够改写爱因斯坦方程组。

请注意，之前我们只考虑了具有恒定曲率的空间——球面、圆柱面和纸的平面。它们便于形象化，但是过于特殊。大部分的空间里，不同位置的曲率是不同的。

> 我们介绍度规时所举的第一个例子在这里就很适用。

在地形上，陡峭的高山深谷处的曲率很大，而平原处的曲率很小。因此，虽然地球是近乎圆的，表面曲率也大概相等，但是地形差异导致各处曲率也会有微小差别。

接下来我们会看到，广义相对论中时空的曲率也会有类似的不同。

时间和空间与时空

　　下面该说哪儿了呢？首先，我们强调了爱因斯坦是如何将时间和空间统一成时空的。现在我们又再次讨论了时间和空间，并宣称可以用固有曲率和外部曲率来改写爱因斯坦方程组。为了加深理解，我们回到狭义相对论上来。

请记住，我们说过，两个移动速度不同的观测者会将时空切片成不同的时间和空间。

这就是不存在绝对概念上的同时的原因。

所以，我们不是不能将时空切片成时间和空间，只是每个人都按自己的方式在切片而已。

时间

空间

　　因为，切片依赖于人们在时空中的运动状态，所以切片是相对的而不是绝对的。

在弯曲的时空中，我们能想象有无数个观测者在空间内，在不同位置以不同的状态运动。

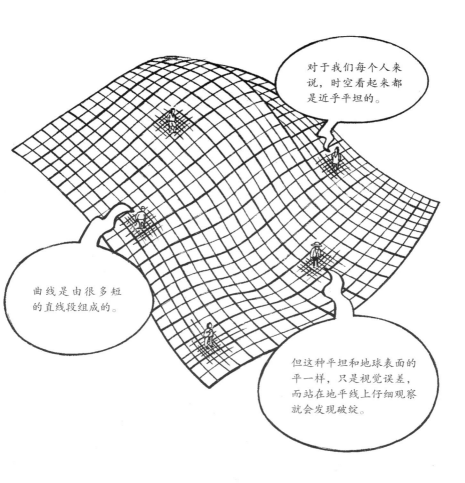

如果当你考虑到所有观测者的话，就会发现空间切片根本不是平的。

当我们真正求解爱因斯坦方程组，并将其应用到建立宇宙模型这种实际问题中时，分解时间和空间就显得尤其重要。

验证广义相对论

    爱因斯坦方程组满足了我们的基本要求，但实践是检验真理的唯一标准，新理论最终必须通过实验验证。广义相对论的验证实验有哪些呢？都证实了哪些预言？之前我们提到过牛顿万有引力理论的一个著名问题——水星的近日点进动问题。

所以，当人们观测到水星轨道最靠近太阳的点——近日点每次都略微移位时，就会感到十分困惑。

广义相对论的人生第一步

光的弯曲

　　广义相对论成功预言了水星近日点进动，但不足以使所有人都相信其真实性和有效性。1921 年，爱因斯坦获得了诺贝尔奖，但获奖理由是他对光电效应和理论物理学的贡献，而不是他的广义相对论。

在 1919 年，它被证实了……

这个实验是由著名天文学家亚瑟·爱丁顿爵士（1882—1944）完成的。1919 年 3 月，他率探险队从英格兰出发，途径非洲西海岸前往普林西比岛，以观测日食现象。

根据天文测算，日食应该在 5 月 29 日下午 2 点开始，但不巧的是，当天早上下起了大暴雨。爱丁顿在日记中写道："中午 1 点 30 分左右，雨停了……我们看到了微弱的阳光。我们只能默默地祈祷，并开始拍摄。"

日 食

　　爱丁顿接着写道："我忙于更换胶片，无暇欣赏日食，只在确认日食开始的时候看了一眼，中途又寥寥几次观察了云层的情况。我们共拍了 16 张照片，每张都正对太阳，能清晰看到日珥；但云层对星星成像有一些影响。最后的几张照片中，出现了一些我们期望的景象，这正是我们需要的结果。"

爱因斯坦预言，太阳会导致星光弯曲，弯曲度比牛顿万有引力理论给出的值大一倍。爱丁顿的观测结果切实地证明了广义相对论的有效性。后来，爱丁顿写下打油诗一首……

　　测量为准见为实，光有重量无可疑。

　　光线经过太阳畔，路径变得不再直。

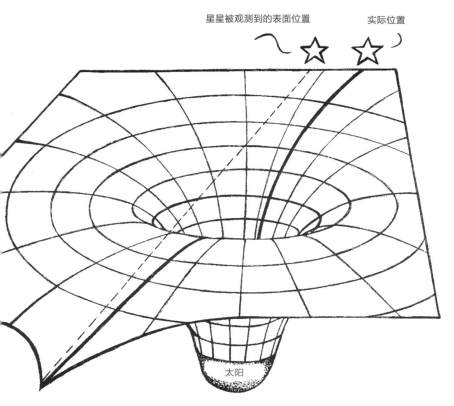

星星被观测到的表面位置　　　实际位置

太阳

再谈等效原理

我们曾经暗示过广义相对论的另一个预言——惯性质量和引力质量的等效性，这被称为等效原理。这个原理意味着，所有的物体都会以完全同样的加速度向地球掉落，就像受到一个等效的非引力的力作用一样。

细金属丝

m_1

w

m_2

g

我的扭秤实验首次精确测量了这两种力对应产生的加速度的差异。

如果出现任何细微的差别，那就证明等效原理是错的。

罗兰·俄厄·冯·厄特沃什

科学家们开展了大量的类似实验，实验精度逐步提升，但迄今为止也没有发现它们的差别。

久经考验的理论

今天，也许除了量子电动力学之外，再没有什么理论能像爱因斯坦的相对论一样如此久经考验。但是我们有理由相信，广义相对论在某些特定情形下也不适用。

在我那个时代，科学家只能部分地意识到这些特定"情形"。

找到这些缺口，可以指引我们发现新理论，从而替代广义相对论……

……就像水星近日点进动问题之于牛顿理论一样。

广义相对论还有更多关键的预言等待验证——黑洞和引力波。

黑　洞

　　简而言之，爱因斯坦方程组指出，区域内物质越多，则该区域的时空弯曲就会越厉害。因此，这个区域内聚集的物质越多时，逃离这个区域就会越困难。

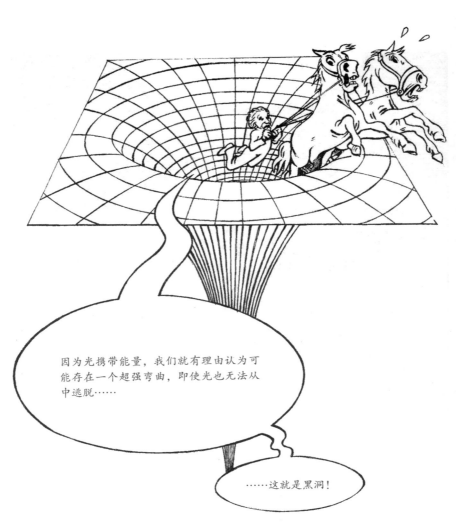

因为光携带能量，我们就有理由认为可能存在一个超强弯曲，即使光也无法从中逃脱……

……这就是黑洞！

黑洞最初的解释是由德国数学家卡尔·史瓦西（1873—1916）于1916年提出的。

卡尔·史瓦西

当一个星球或者物体的密度极大，使其半径小于 $2\,GM/c^2$ 时，就会形成黑洞。

广义相对论预言，在黑洞的中心，因为时空无限弯曲，所有的物质都被压碎了。

科学家们相信，这种奇异的致密黑洞广泛存在于很多星系的中央位置，包括银河系。这些黑洞质量大约是太阳的 100 万倍。

时变加速

引力波是广义相对论的另一个重要预言。让我们思考这个问题："光是何时辐射出来的？"经典物理学将光描述成一种电场和磁场的振荡。

简而言之，变化的磁场会产生一个变化的电场，反之亦然，这就是电磁波。思考一下，当电磁波经过收音机天线传播时，将会有什么情况发生呢？

　　因此，当电荷被加速时，电磁波就产生了——类似于收音机天线的情况。

晃动物体

　　如果我们前后晃动一个物体，比如一个星球来回晃动时，会发生什么呢？"晃动物体"的字面意思是使一个有质量的物体来回移动。

这种移动会使物体经历时变加速。

时变加速说明了广义相对论和电磁理论有很强的相似性。

类似电磁波发射，根据广义相对论，一个时变加速的物体会发射引力波。那么，这些引力波是什么呢？

胶皮类比

理解引力波的另一个简单的例子是将其类比成一块展开的胶皮。

类似地，引力波会从晃动物体向四周传播开去。

微弱的引力

　　然而，因为牛顿引力常数 G 非常小，所以引力波极其微弱——就算它真的存在的话。

光携带能量，所以人在海边时会被晒伤！

因此，引力波也应该携带有能量。

因此，人们可能会期望发现一个物体，它通过发射（或吸收）引力波来释放（或获取）能量。

仰望星空

　　迄今为止，能证明引力波的最好证据来自对一对著名的双星的观测。这对双星是名为 PSR1913+16 的双星系统，它们绕着彼此高速旋转。超过 25 年的精确观测发现，它们的旋转周期并非常数，类似于水星近日点进动。

是的，它们的周期随着时间推移稳步减小。

这与我的预言完美吻合！

脉冲星

磁场

电波辐射

旋转轴

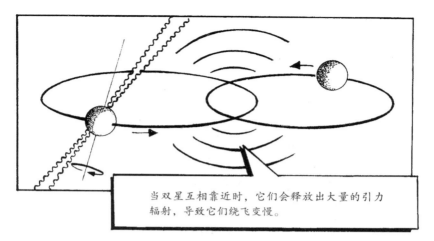

当双星互相靠近时，它们会释放出大量的引力辐射，导致它们绕飞变慢。

此工作精巧地验证了广义相对论，所以赫尔斯和泰勒获得了 1993 年的诺贝尔物理学奖。

不过，这个双星系统绕飞变慢的现象可能还有其他解释，虽然被人们认为有点牵强。但科学界也有一个共识，即只有直接测量到引力波才能最终证明它的存在。

迄今为止，还没有实验直接测量到它们。

但是可以确定，它们确实很微弱。

21 世纪的首个十年中，人类将有希望根据引力波会拉伸和压缩时空的这种特性开展实验来直接测量引力波——如果它真的存在的话。（2016 年 2 月 11 日，美国"激光干涉引力波天文台（LIGO）"的研究人员宣布他们直接探测到了引力波，此研究成果最终证明了引力波的存在。——译者注）

干涉测量法

我们如何直接测量引力波呢？想象一下你用米尺来直接观察时空的拉伸。

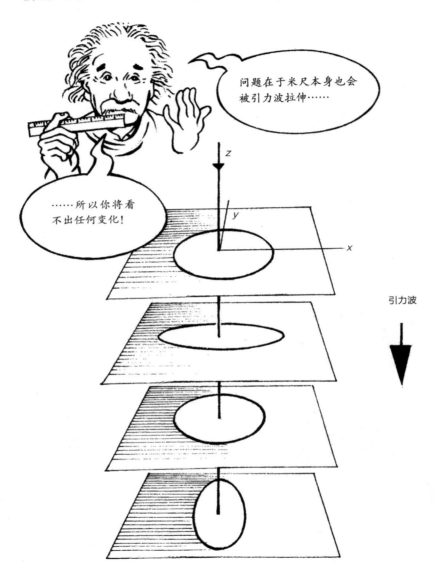

一个沿 z 轴方向传播的引力波会将一个圆畸变成椭圆，首先沿着 x 轴接着沿 y 轴交替拉伸，直到引力波全部穿过去。

一批划时代的引力波探测器已接近完工并将很快投入运行并给出结果（这些探测器陆续于 2002 年及之后开始了科学探测。——译者注）。这批探测器包括美国的 LIGO、英国和德国共建的 GEO600、法国和意大利共建的 VIRGO、日本的 TAMA（日本新建了 KAGRA 引力波探测器，计划在 2019 年年底投入使用。——译者注）。这些系统造价不菲，原理上都是以激光干涉仪为基础的。

LIGO，汉福德天文台，华盛顿州里奇兰市。
（另一台大型激光干涉仪布置在路易斯安那州利文斯顿市。）

工作原理

干涉仪是一种简单的装置，是由两个互相垂直的长臂组成的。

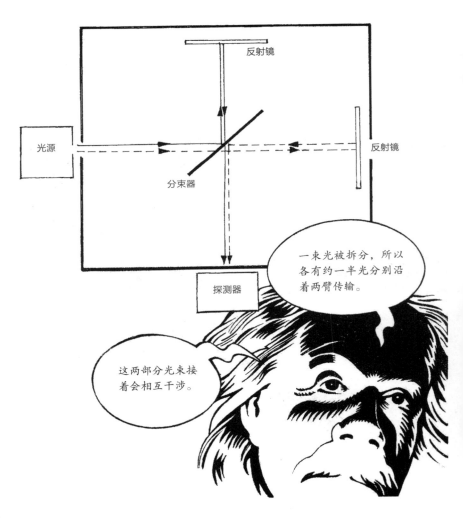

结果会出现明暗相间的干涉图案——这表明光具有波动性。

当两束光相位完全相反时，就会出现暗斑，即一条臂上的光波峰遇到了另一条臂上的光波谷，而相位相同时就会出现亮斑，此时两个光波峰相遇或两个光波谷相遇。

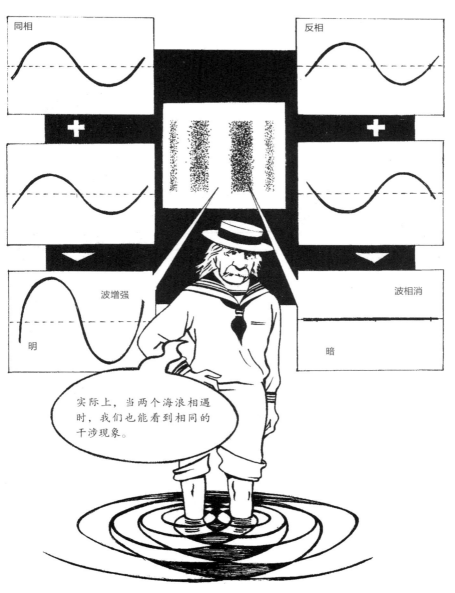

干涉图案

干涉仪能起什么作用呢？如果有引力波经过的话，干涉仪的一条臂被拉伸，那么此条臂上光传播的距离就增加了。

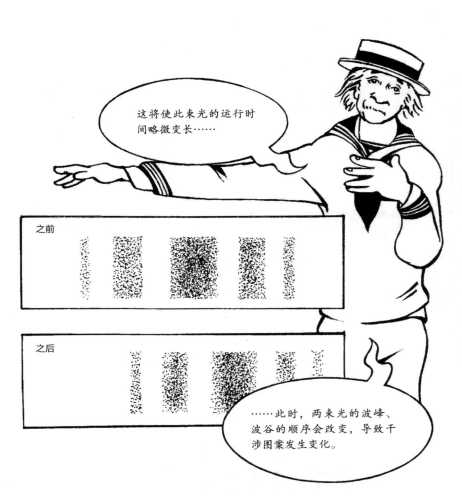

黑洞和引力波是两个激动人心的预言，它们通常出现在相对较小的尺度上。接下来，当我们将宇宙视为一个整体时，在更大的尺度上会发生什么呢？我们试图通过爱因斯坦方程组来理解宇宙从何而来，又归于何处。

宇宙的大小

如果我们仰望星空，首先会看到太阳系内的行星。之后，会看到银河系中距我们数千光年远的恒星和星云。请记住，一光年表示光跋涉一年所经过的漫长距离！

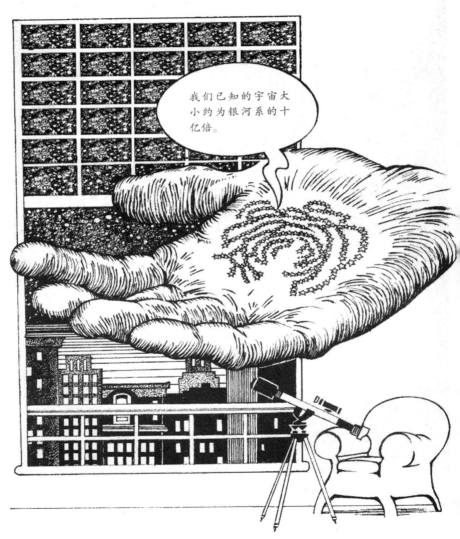

> 我们已知的宇宙大小约为银河系的十亿倍。

在银河系之外，我们发现了约 1 000 亿个星系。人们会问："这 1 000 亿个星系在我们周围是如何分布的呢？"

例如，这些星系集中在一个方向上吗？观测结果显示，实际上它们均匀分布在我们周围。

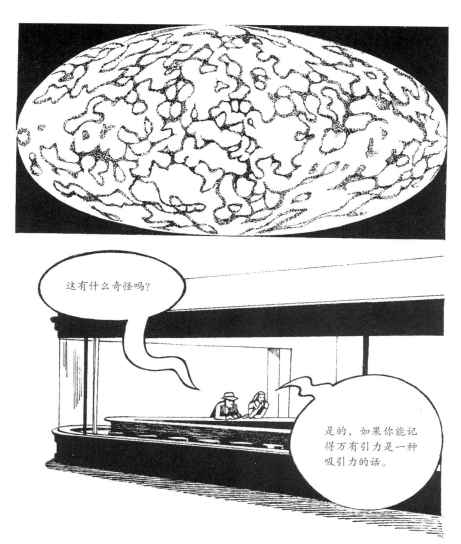

但是，首先让我们聚焦在另一件略微不同的事情上吧！

哥白尼原则

由于每个方向上的星系数量基本相同，所以以下情况必须二选其一。

恒星的球状模型

宇宙学和普通物理学的发展史，是一部与基督教会的斗争史。

人类"接近"宇宙中心的这个理论，一直不受欢迎。

相反，哥白尼原则
一直受到推崇。

这部分源于非宗教偏见，同时也因为它给出的宇宙模型足够简单。

简化场方程

　　宇宙学家无疑更喜欢"简化模型"。应该强调的是，爱因斯坦场方程异常复杂，一直以来都很难求解。

"FLRW"

　　广义相对论提出后不久，人们就发现宇宙是遵从哥白尼原则的。这些"简化"归功于四位科学家，他们分别是俄罗斯的亚历山大·弗里德曼（1888—1925）、比利时的乔治·勒梅特（1894—1966）、北美的 H.P. 罗伯森和英国数学家亚瑟·G. 沃克，取他们名字的首字母为"FLRW"。

宇宙是静止的还是膨胀的?

　　"FLRW"对始于爱因斯坦的工作进行了归纳、概括。但问题是,爱因斯坦发现必须引入一个"宇宙常数"——某种排斥力,才能平衡万有引力的作用,使宇宙保持静止。

众所周知，"FLRW"模型构成了宇宙学的基础。通俗图书中描写的宇宙学相关知识大都基于这个模型。

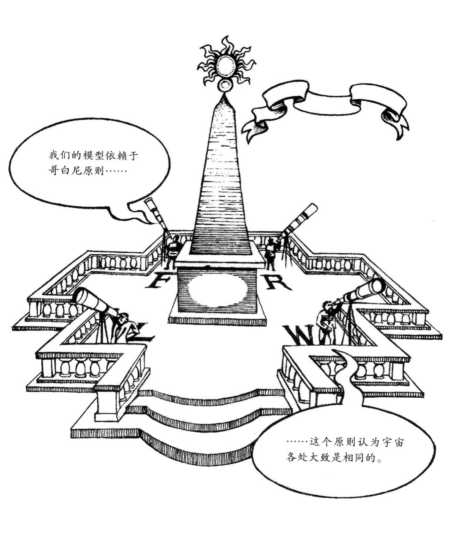

想要证明或者反驳哥白尼原则都非常困难，不过在接下来的 15 年里科学家应该会有显著进展。

宇宙的命运

　　"FLRW"模型的一个优雅之处在于，它实际上只有三种模型。换句话说，爱因斯坦场方程组只存在三种不同类型的"FLRW"解，它们通过曲率分成正、负和平三种。所有的模型都始于"大爆炸"。"大爆炸"是由宇宙学家弗雷德·霍伊尔爵士（1915—2001）不经意间造出来的一个名词。

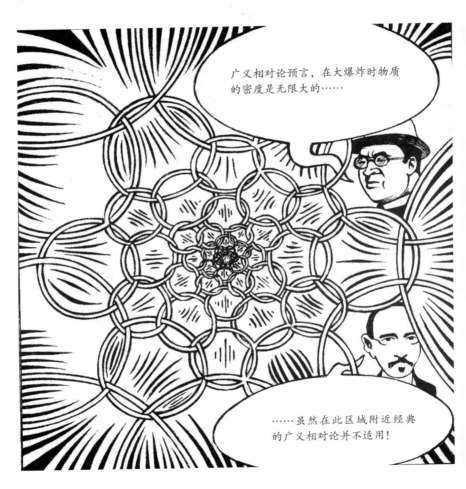

　　但三种"FLRW"模型在随后的演化中变得彻底不同，也导致了宇宙不同的命运！

临界密度：第一种模型

在这种模型中，存在一个临界密度，为 10^{-29} 克每立方厘米。这个"临界密度"包括汇集在一起的所有种类的物质和射线，例如氢、光、暗物质和宇宙常数等所有东西。宇宙被限制在这个密度以下，其空间是一个三维球形，或者换句话说，它是正弯曲的。

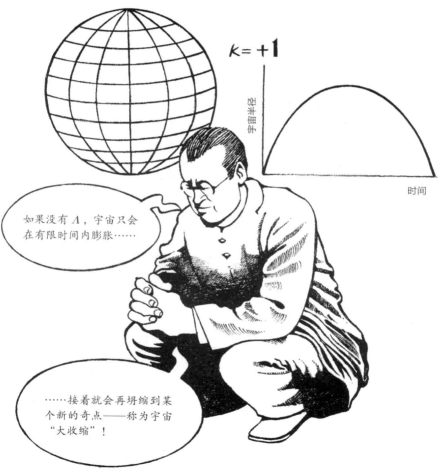

$k = +1$

宇宙半径

时间

如果没有 Λ，宇宙只会在有限时间内膨胀……

……接着就会再坍缩到某个新的奇点——称为宇宙"大收缩"！

第二种模型

在临界密度以下，大致说来，宇宙拥有更多的动能来抵御万有引力的控制。

$k=-1$

宇宙将永远膨胀——虽然膨胀速度在减慢。

在这种情况下，宇宙在时间和空间上都是无限的（因为它将永远持续下去），此时空间是负弯曲的。

第三种模型

在精确的临界密度下，三维空间是精确的平的——近似于一张二维平面纸。

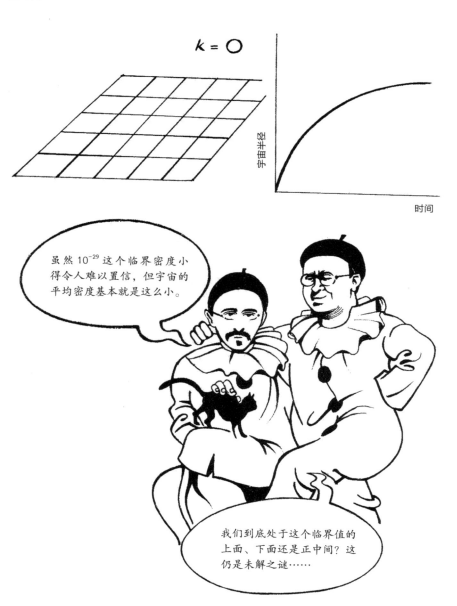

虽然 10^{-29} 这个临界密度小得令人难以置信，但宇宙的平均密度基本就是这么小。

我们到底处于这个临界值的上面、下面还是正中间？这仍是未解之谜……

解释红移现象

　　1929 年，天文学家埃德温·哈勃（1889—1953）观测到暗星系的光谱变化，它发出的光波长变大了。这被称为"红移"现象，人类由此发现了宇宙膨胀。

作者·埃德温·哈勃

最简单的解释就是：相比更近的星系，离我们更远的暗星系正以更快的速度远离我们。

在可见光中，高频部分显现蓝色，低频部分显现红色。如果某个正高速远离观测者的物体发出光的话，那么观测者观测到的光会比二者相对静止时更红。

爱因斯坦的静止宇宙

　　哈勃的观测结果是一个重要转折点。由此，爱因斯坦才意识到，他本来可以先假设宇宙必须静止，继而从反面来预言宇宙膨胀，不过为时已晚。

加速的宇宙

　　因为宇宙常数可以看作排斥性的，所以它的行为可以类似于负压物质，会主动地把各个星系相互推开。相反，星系间距离越大，万有引力导致的相互吸引也越弱。

但是，随着星系间距离的增加，排斥性的宇宙常数却没有变弱。

换句话说，它们相互之间在加速远离——用宇宙学术语来说，宇宙开始加速了。

永无止境地膨胀

　　加速所带来的影响意义深远，因为它会改变宇宙未来的密度。如果宇宙因为拉姆达而开始加速的话，那么它很可能将永远加速下去——前提是广义相对论正确，并且排除了"奇异物质"。

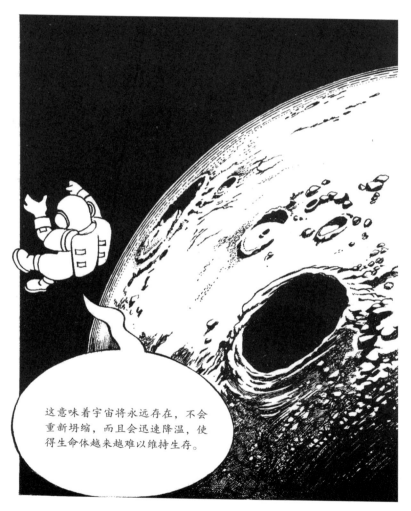

这意味着宇宙将永远存在，不会重新坍缩，而且会迅速降温，使得生命体越来越难以维持生存。

超新星是一种巨大的宇宙爆炸，近年来人类对其进行了持续观测。结果发现，相比宇宙没有加速的情形下，超新星更加暗淡。如果宇宙一直在加速的话，那么存在固定红移的物体之间的距离会比非加速宇宙中更大——由此导致它们看起来更加暗淡。

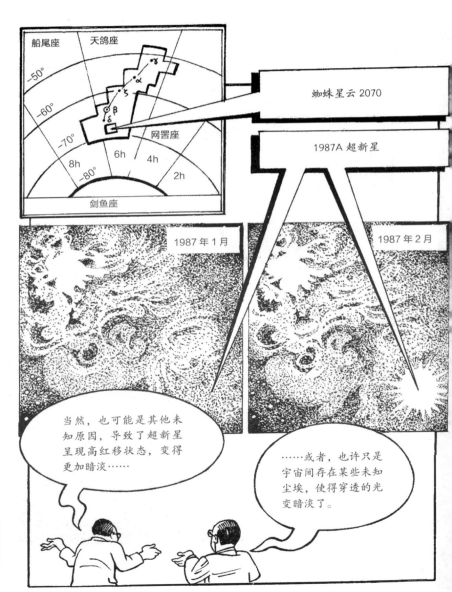

负 压

不过，通过对超新星和宇宙微波背景辐射（CMB）的联合观测，科学家们非常确定地认为，存在一种含量巨大的负压"物质"，并且宇宙总能量密度中的 60% 都可能是它构成的。请注意，这种能量并非狄拉克提出的反物质概念。

宇宙学中尚存着诸多重大的"物质谜团"，而这种大份额负能量只是其中之一。此外，在几十年前人们就发现，星系的运动似乎有些异常。

暗物质

　　我们想象一下是万有引力提供了向心力，以保持这些星球按环形轨道运动，就像用一根绳子绑住石头做圆周运动，通过这点我们就会明白这个道理。

此时，如果你将星球的速度增加，而运动轨道不变，那么提供万有引力的星系就必须有更大的质量，否则星球就要从星系中被甩出。

然而，通过已观测到的物质来估算一下星系的质量的话，会发现它远不足以保持外围星球按现在观测到的速度绕转。这就是"旋转曲线问题"。

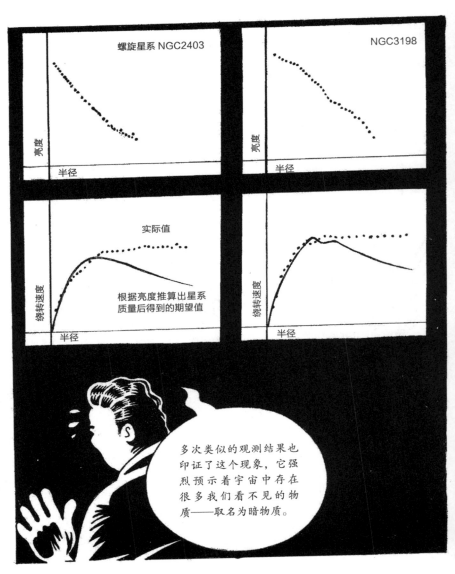

　　实际上，似乎宇宙中有超过 25% 的能量来自暗物质，它们迄今未被直接探测到！

超越广义相对论

人们自然会问：牛顿无法解释水星近日点进动，爱因斯坦不也没法解释暗物质吗？

也许候选解决方案会来自粒子物理学——这种极小尺度下的物理学。

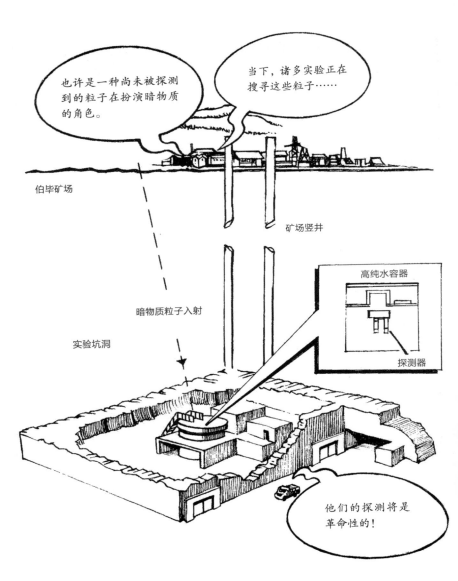

宇宙微波背景辐射

　　阿尔诺·彭齐亚斯和罗伯特·威尔逊是美国新泽西州贝尔电话实验室的两位科学家。20世纪60年代，他们观测了宇宙中各个方向上的微波辐射，发现其中某个波长一直存在。

科学界努力尝试在宇宙中搜寻这个温度的细微变化，一直持续了 30 多年。

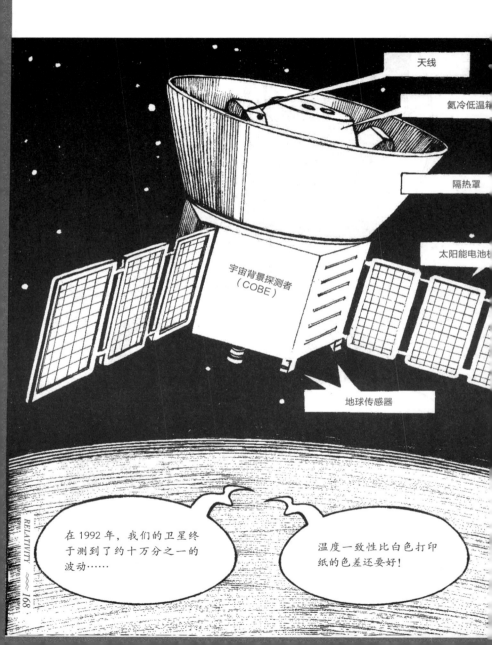

更多的探测卫星

2001 年，人类发射了另一颗宇宙微波背景辐射探测卫星——微波各向异性探测器（MAP），它比 COBE 探测器精确得多。

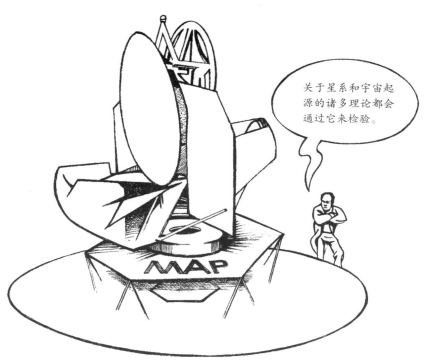

关于星系和宇宙起源的诸多理论都会通过它来检验。

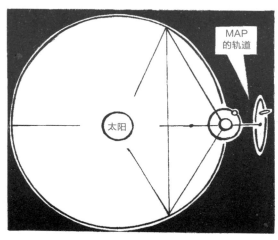

MAP 的轨道

太阳

2007 年（或稍晚一点），一颗更高精度的宇宙微波背景辐射探测卫星——PLANCK 将会发射。（PLANCK 实际上在 2009 年 5 月发射。——译者注）这两个实验将在人类的宇宙认知史上留下光辉灿烂的一笔。

均匀性之谜

　　我们为何如此在意宇宙微波背景辐射呢？宇宙辐射的温度如此惊人的一致，这简直太神奇了。这就像你把一百万枚硬币从袋子里倒在地上，硬币几乎全部正面向上，只有 10 枚反面向上。

　　从地球上看，各个方向上的星系数量基本是相同的。原因是什么呢？这是怎样形成的？这就是"均匀性"问题。

"金发姑娘"膨胀率

　　即使我们将星系的分布看成是绝对均匀的，问题还是会变得糟糕。"FLRW"宇宙模型给出了三种基础类型：它们的三维空间切片分别是负弯曲、平坦和正弯曲的。我们的宇宙属于哪个类型取决于其平均密度大小。

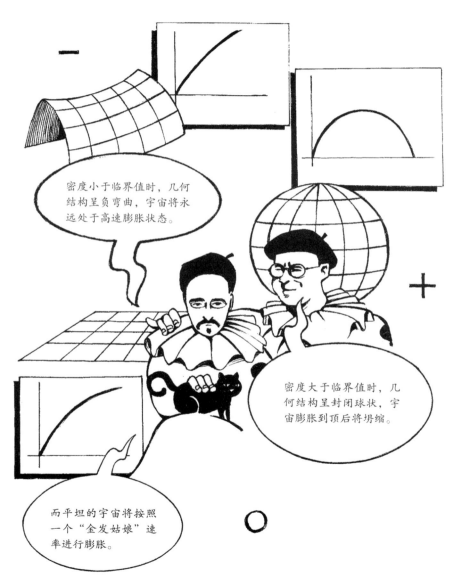

但这里遇到一个问题。如果宇宙远非平坦的，那就有两种可能：它已经有 100 多亿岁了，已坍缩过了；或者它高速膨胀，导致星系、恒星和行星等都无法形成。

因此，在如此费劲地引入了弯曲空间后，科学家发现我们的宇宙的三维空间的固有曲率似乎非常接近于零……

虽然时空的固有曲率并非零——它是弯曲的，不为零。

平坦性问题

　　平坦的宇宙很完美，但是很不稳定。就像一支铅笔垂直地立于地面一样，无论从哪个方向上轻轻一推，它就会倒下。

> 类似地，如果将三维空间切片的曲率设定为略微的正或负，那么宇宙膨胀就会将这个曲率变得越来越大……

　　这就是著名的"平坦性问题"，它和前面的"均匀性问题"一起成为爱因斯坦引力理论和当今宇宙学面临的两个未解之谜。

暴胀阶段

　　平坦性和均匀性问题已经提出了几十年。1980 年，美国麻省理工学院（MIT）的阿兰·固斯提出了一个对宇宙学影响巨大的理论。当然在这之前，类似的想法分别被很多科学家都讨论过。

使用爱因斯坦常数

　　请记住，爱因斯坦的"最大的错误"就是引入了排斥性宇宙常数来保持宇宙静止。相反，固斯却要使用这种排斥力来让宇宙超快加速，这种加速的速度比宇宙今天的加速要快得多。

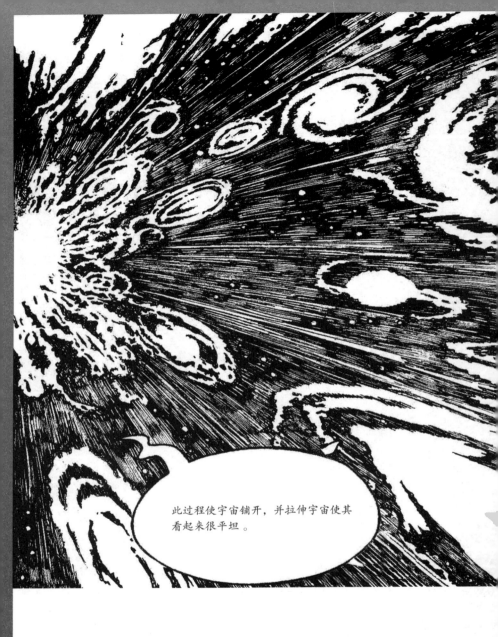

此过程使宇宙铺开，并拉伸宇宙使其看起来很平坦。

　　从这个意义上来说，暴胀使得铅笔又用笔尖站立了起来。如果宇宙曾经充分暴胀，那宇宙变成今天的样子就不足为奇了。

固斯还提出了一种新的宇宙加速方式，这种方式不再使用宇宙常数，而是基于一种新的物质。固斯将这种新物质称为"标量场"，而最新的粒子物理学理论也预言了它的存在，不过迄今尚未有实验探测到。不过，暂时抛开爱因斯坦方程组后，我们还只能用暴胀来解释各种已知的宇宙特性，尚未有其他更好的途径。

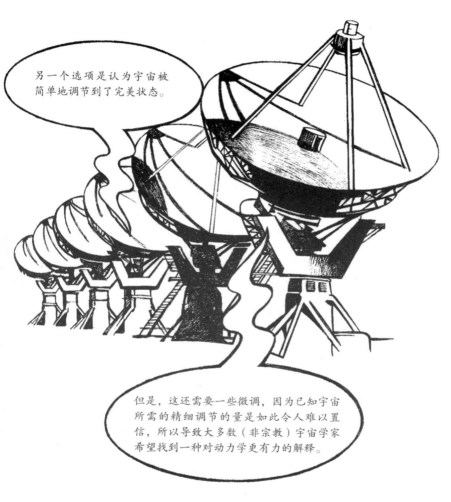

另一个选项是认为宇宙被简单地调节到了完美状态。

但是，这还需要一些微调，因为已知宇宙所需的精细调节的量是如此令人难以置信，所以导致大多数（非宗教）宇宙学家希望找到一种对动力学更有力的解释。

　　我们希望通过 COBE、MAP 和 PLANCK 等探测卫星探测宇宙微波背景辐射，以此来检验暴胀。

奇点定理

我们前面提到过，爱因斯坦和其他相对论学家预言了黑洞。

但对黑洞的产生以及黑洞可能出现的频率还没有一个深入的理解。

罗杰·彭罗斯

20世纪60年代中期，我证明了一旦恒星或者其他致密体达到某个临界状态时，就必然会形成黑洞。

斯蒂芬·霍金

之后，我将这个理论拓展到整个宇宙……

霍金表示，所有基于爱因斯坦方程组的现实的宇宙，都必然存在一个点——在该点的过去的某个有限时间段，此时宇宙的密度和曲率都是无限大的。这就是针对黑洞和宇宙的大爆炸及其相应的理论，被称为奇点定理。

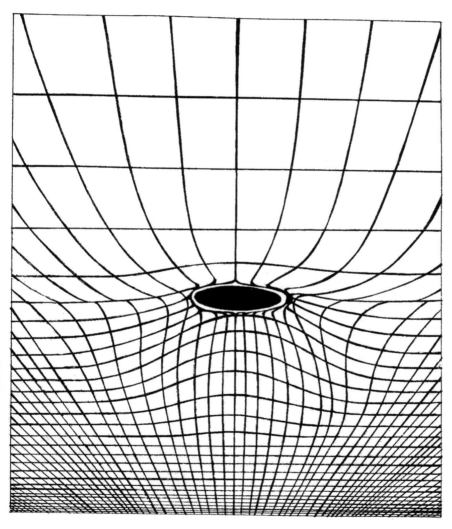

奇点定理的推论结果

奇点定理认为，即使现今宇宙的密度和引力相对而言已经很小很弱，但它们曾经必然都是无限巨大的，这个时间保守估计应该是在 100 亿到 180 亿年前。

这种坍缩一直持续到宇宙大爆炸，此时质点间距变成 0。

这个结果有什么神奇的吗？它的神奇是有原因的。首要之处就是，当曲率无限大时，广义相对论不再适用！它无法给出任何预测了。

不过，我们必须明白，广义相对论是一种经典理论。

其中不会有任何的量子特性。

光速 c 和牛顿常数 G 是广义相对论中仅有的两个常数，而普朗克常数 h 不在其中。

爱因斯坦方程组失效了

　　普朗克常数为何重要？当质点的平均间距达到原子水平，此时经典物理学不再适用，而量子效应开始凸显。宇宙学界普遍相信，当宇宙密度陡然增加，到达某个点时，爱因斯坦方程组就会失效，因为方程组中未考虑量子效应。

爱因斯坦方程组的非凡之处在于这些方程本身会告诉我们在某些点上它们会失效。

它们预言了自己的灭亡——就像政客给自己投了反对票！

因此，我们需要拓展爱因斯坦方程组，使之包含量子效应。20 世纪最负盛名的科学家们（包括爱因斯坦本人）都没能成功地将广义相对论和量子理论统一起来，他们都以失败而告终。

额外维度

爱因斯坦希望基于和广义相对论相近的几何学来找到一个统一理论，用以描述自然界所有的力的相互作用，类似电磁学理论所做的。

特奥多尔·卡鲁扎和奥斯卡·克莱因两位科学家在研究五维空间时，向着爱因斯坦的这个梦想前进了一步。

将第五维度和电磁学联系起来后，我们就能将爱因斯坦方程组和麦克斯韦电磁方程组从这个五维空间中提取出来！

不过，第五维度非常小，我们无法看到它。

简单的理解方法是将它类比成一根长水管，从远处看，它很像一根一维的线。

虽然这种增维的观点有些激进，但现在我们已经知道自然界至少有 4 种相互作用的力——万有引力、电磁力、弱相互作用力和强相互作用力。我们可以在几何学中将这些力可视化吗？

超弦理论

　　在几何学中囊括进所有力的途径之一是超弦理论。这种研究量子引力的方法在当下炙手可热。它最初用于描述原子核内部的强相互作用力。强相互作用力指的是原子核中把质子和中子结合在一起的力。

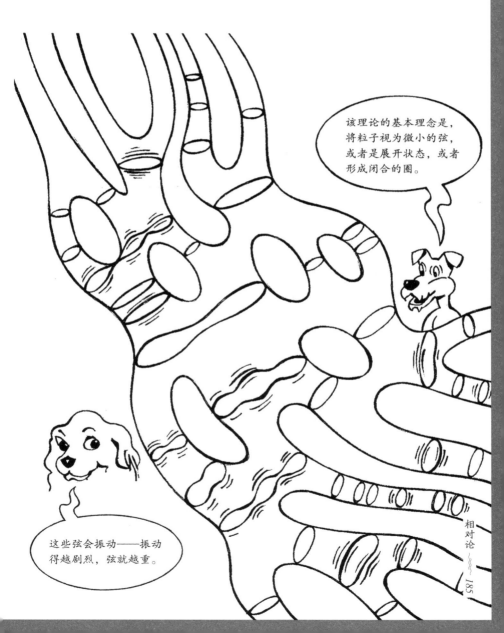

该理论的基本理念是，将粒子视为微小的弦，或者是展开状态，或者形成闭合的圈。

这些弦会振动——振动得越剧烈，弦就越重。

拓展爱因斯坦的梦想

　　超弦理论的妙处在于，根据该理论，弦只能按某些特定的频率振动——就像吉他琴弦一样。此时你就会发现，万有引力自然而然地被包含在其中了！

超弦理论的另一个美妙特性在于，使用一维弦的振动就可以同时描述物质和引力……

因此，我建立自然界统一几何理论的梦想就顺理成章地被拓展了！

加入更多的维度

不过，超弦理论伴随着一个非常奇怪的预言，它预言了存在额外的维度。实际上，它预言我们的宇宙不止五维，而是在十维的空间中！很显然，这十个维度不可能都很大。

人类很可能需要很长的时间才能确定这些额外维度是否存在，因为它们只有在具有极高能量时才会被看到。但这个理论无疑十分优雅，爱因斯坦应该非常喜欢它。它的基础理念还是源于相对论。

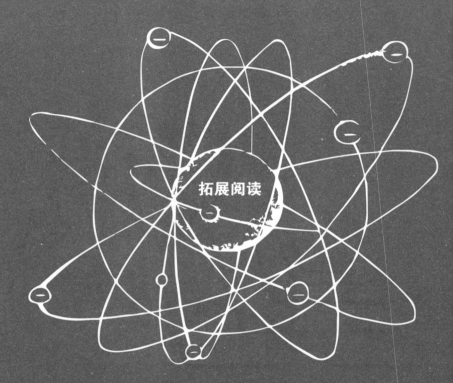

拓展阅读

入门级读物

以下书籍是入门级的，适合大多数读者。

■ 爱因斯坦

Introducing Einstein, Schwartz and McGuinness (Icon Books, 1999).

■ 广义相对论

The Meaning of Relativity, Albert Einstein (Princeton University Press,1992).

Flat and Curved Spacetimes, George Ellis and Ruth Williams (OxfordUniversity Press, 2000).

■ 宇宙学

Cosmology: A Very Short Introduction, Peter Coles (Oxford Paperbacks, 2001).

Just Six Numbers, Martin Rees (Orion fiction, 2001).

The Big Bang, Joseph Silk (W.H. Freeman & Company, 2001).

Between Inner Space and Outer Space, John Barrow (OxfordPaperbacks, 2000).

■ 暴胀

The Inflationary Universe, Alan Guth (Vintage, 1998).

■ 量子力学

Introducing Quantum Theory, McEvoy and Zarate (Icon Books).

In Search of Schrödinger's Cat, John Gribbin (Corgi, 1985).

■ 量子引力

Dreams of a Final Theory, Steven Weinberg (Vintage, 1993).

A Brief History of Time, Stephen Hawking (Bantam, 1995).

Introducing Hawking, McEvoy and Zarate (Icon Books, 1999).

这个级别的读者需要有更夯实的数学和物理功底。

Subtle is the Lord, Abraham Pais (Oxford Paperbacks, 1984) – a famousand very insightful history of Einstein's life, giving wonderful insightsinto the development of relativity.

Introducing Einstein's Relativity, Ray d'Inverno (Clarendon Press, 1992). This is a good introduction to the mathematics and physics of GR.A standard advanced undergraduate/post-graduate text.

大学生所用的经典课本包括（请留意一下前三本为何都是 1973 年左右出版的）：

The Large Scale Structure of Spacetime, Stephen Hawking and GeorgeEllis (CUP, 1973).

Gravitation, Misner, Thorne and Wheeler (W.H. Freeman, 1973).

Gravitation and Cosmology, Steven Weinberg (John Wiley & Sons, 1972).

General Relativity, Robert Wald (Chicago University Press, 1984).

作 者

布鲁斯·巴塞特现为朴次茅斯大学宇宙学及引力研究所的高级讲师，研究方向为早期宇宙的对称性，曾在牛津大学物理系和意大利特里亚斯特国际高等研究院任职。布鲁斯先后发表过 30 多篇研究文章，并与多位友善而又叛逆的博士生和硕士生共事，还与其他优秀的研究人员合作。

插画师

拉尔夫·埃德尼是数学专业出身，后来成了一名老师、旅行家和漫画家。他曾出版两本画册，并担任《图说哲学》（ *Introducing Philosophy* ）和《图说分形几何》（ *Introducing Fractal Geometry* ）两本书的插图作者。同时他还是一名板球爱好者。

图书在版编目（CIP）数据

相对论 / （英）布鲁斯·巴塞特（Bruce Bassett）著；
（英）拉尔夫·埃德尼（Ralph Edney）绘；羊奕伟译.
— 重庆：重庆大学出版社，2019.11
书名原文：INTRODUCING RELATIVITY: A GRAPHIC GUIDE
ISBN 978-7-5689-1843-5

Ⅰ．①相… Ⅱ．①布… ②拉… ③羊… Ⅲ．①相对论
—青少年读物 Ⅳ．①O412.1-49

中国版本图书馆CIP数据核字（2019）第244538号

相对论

XIANGDUILUN

〔英〕布鲁斯·巴塞特（Bruce Bassett）　著
〔英〕拉尔夫·埃德尼（Ralph Edney）　绘
羊奕伟　译

懒蚂蚁策划人：王　斌

策划编辑：张家钧

责任编辑：李桂英　何俊峰　　版式设计：原豆文化

责任校对：邹　忌　　　　　　责任印制：张　策

*

重庆大学出版社出版发行

出版人：饶帮华

社址：重庆市沙坪坝区大学城西路21号

邮编：401331

电话：（023）88617190　88617185（中小学）

传真：（023）88617186　88617166

网址：http://www.cqup.com.cn

邮箱：fxk@cqup.com.cn（营销中心）

全国新华书店经销

重庆市正前方彩色印刷有限公司印刷

*

开本：880mm×1240mm　1/32　印张：6.125　字数：223千
2019年11月第1版　　2019年11月第1次印刷
ISBN 978-7-5689-1843-5　　定价：39.00元

- -